Sebastian Brumann

Die Thermohaline Zirkulation

GRIN Verlag

Bibliografische Information der Deutschen Nationalbibliothek:

Die Deutsche Bibliothek verzeichnet diese Publikation in der Deutschen National-
bibliografie; detaillierte bibliografische Daten sind im Internet über http://dnb.d-
nb.de/ abrufbar.

Impressum:

Copyright © 2011 GRIN Verlag GmbH
Druck und Bindung: Books on Demand GmbH, Norderstedt Germany
ISBN: 978-3-656-84530-0

Universität Augsburg

Fakultät für Angewandte Informatik

Institut für Geographie

Die Thermohaline Zirkulation

Proseminar Physische Geographie 1 (WS 2011/12)

Brumann, Sebastian

Lehramt Realschule, 3. Semester

Deutsch / Erdkunde

Abgabetermin: 19.12.2011

Inhaltsverzeichnis

Abbildungsverzeichnis

Tabellenverzeichnis

1 Einleitung

Gerade eben ist die Klimakonferenz der Vereinten Nationen in Durban zu einem Ende gekommen. Die Vertreter der UN-Vertragsstaaten nahmen daran teil, um über das künftige Vorgehen bezüglich des weltweiten Klimaschutzes zu verhandeln. Dabei wurde schließlich ein *„Paket von Entscheidungen ... für die Zukunft der internationalen Klimapolitik verabschiedet"* (BMU 2011), welches unter anderem eine weitere Verpflichtungsperiode für die Gültigkeit des Kyoto-Abkommens beinhaltet. (BMU 2011). Man sieht, das Klima der Welt und der im Fortschritt begriffene Klimawandel sind gesellschaftlich und politisch so aktuell wie nie zuvor. Klima – mit diesem Begriff verbunden sind Assoziationen wie Atmosphäre, Treibhauseffekt, Niederschläge, Feinstaub, Wolken und Stürme, Überschwemmungen, heiße Sommer, das Ausbleiben weihnachtlichen Schnees und vieles mehr. Neben den offensichtlichen und gemeinhin bekannten Erscheinungsformen und Einflussfaktoren des weltweiten Klimas existieren jedoch auch noch andere, weniger ersichtliche klimatische Zusammenhänge. Zu ihnen gehört auch die Zirkulation der Weltmeere. Sie ist für den Menschen nicht sichtbar und in dessen Bewusstsein daher lange nicht so gegenwärtig wie etwa Sonne, Wind und Wolken. Dennoch sind ebendieser ozeanischen Zirkulation Effekte zu verdanken, die eine spezifische Ausformung des Klimas vielerorts bedingen. Interessant ist dabei vor allem jener Teil der Zirkulation, der unsichtbar in den Tiefen der Meere stattfindet – eine Komponente, die den Namen Thermohaline Zirkulation trägt. Daher sollen nachfolgend im Wesentlichen Funktionsweise, Zusammenhänge, Verortung und Auswirkungen der Thermohalinen Zirkulation untersucht und dargestellt werden.

2 Begriff und Definition

Namensgebend für die Thermohaline Zirkulation sind das griechische *thermo*, zu Deutsch *Wärme* und *halin*, welches vom griechischen Wort für *Salz* abgeleitet ist. (Dudenredaktion 2001, S. 846 & Rahmstorf, Richardson 2010, S. 33). Und tatsächlich ist der Name hier Programm, denn die Thermohaline Zirkulation wird grundsätzlich durch Dichteunterschiede der Wassermassen angetrieben, die ihrerseits durch Unterschiede in Temperatur und Salzgehalt zustande kommen. Sie macht damit nur einen Teil der allgemeinen ozeanischen Zirkulation aus und ist in keinem Fall mit dieser synonym zu verwenden. Während sich die ozeanische Zirkulation zusätzlich aus windgetriebenen Strömungskomponenten und den Gezeiten ergibt, spielen für das Funktionieren der Thermohalinen Zirkulation ausschließlich Temperatur und Salzgehalt eine Rolle. (Rahmstorf 2006, S. 1). Dieses Funktionsprinzip soll nun im Folgenden eingehend beschrieben werden.

3 Funktionsprinzip

Zum Verständnis der Funktionsweise der Thermohalinen Zirkulation sind zwei Voraussetzungen als grundlegend zu betrachten. Einerseits ist es von Belang, dass die Dichte flüssigen Meerwassers mit abnehmender Temperatur steigt. Die im Wasser gelösten Salze setzen die Temperatur maximaler Dichte so weit herab, dass diese mit dem Gefrierpunkt zusammenfällt und somit etwa bei -2° C liegt. (Hupfer, Kuttler 2005, S. 253 & Rahmstorf, Richardson 2010, S. 25). Hinzu kommt ein zweiter wichtiger Aspekt, denn die gelösten Salze bewirken außerdem einen Massenzuwachs bei gleichem Wasservolumen. Die Folge ist eine Dichte, die mit dem Salzgehalt steigt. (vgl. Tabelle 1).

Tabelle 1: Exemplarische Dichteverhältnisse von Salzwasser

Salzgehalt [‰]	Dichte bei 4° C [kg/m³]
1	1000,85
10	1008,18
35	1028,22

Quelle: verändert nach von Storch et al. 1999, S. 35.

Auf der Grundlage dieser beiden wesentlichen Voraussetzungen erklärt sich nun das Funktionieren der thermohalinen Strömungen.

3.1 Konvektion und Tiefenströmungen

Bedingt durch die vergleichsweise sehr kalten solarklimatischen Bedingungen in polnahen Breiten, ist dort auch eine deutliche Abkühlung der Wassermassen an der Meeresoberfläche zu verzeichnen. Durch diese sehr niedrigen Meeresoberflächen-temperaturen (vgl. Abbildung 1) nimmt die Dichte des Oberflächenwassers in polnahen Bereichen sehr stark zu. Zusätzlich finden hier bei Erreichen des Gefrierpunktes Eisbildungsprozesse statt. Diese Prozesse der Meereisbildung sind insofern relevant, da Salze beim Gefrieren von Wasser nicht in die Eiskristalle eingeschlossen werden und somit im restlichen flüssigen Wasser verbleiben. (von Storch et al. 1999, S. 37). Eine deutliche Erhöhung der Salzkonzentration und damit weitere Dichtezunahme des Oberflächenwassers ist die Folge.

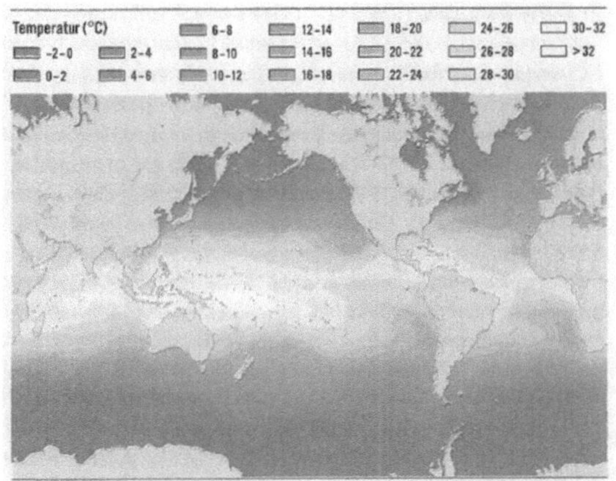

Abbildung 1: Karte der Meeresoberflächentemperaturen [°C] im Mai 2006 nach Satellitenmessungen
Quelle: Rahmstorf, Richardson 2010, S. 26.

Grundsätzlich sind Wasserkörper entsprechend den Gesetzen der Gravitation aus nach unten hin immer dichter werdenden Wassermassen aufgebaut. (Rahmstorf, Richardson 2010, S. 40). Ist nun aber an der Oberfläche eine Dichte erreicht, die jene des darunter liegenden Wassers deutlich übersteigt, so entsteht durch den ausgeprägten Dichtegradienten eine so instabile Schichtung, dass große Wassermassen von der Oberfläche in wesentlich tiefere Bereiche der Ozeane absinken. (Rahmstorf 2006, S. 4). Dieser Vorgang wird als Konvektion oder differenzierter auch als Tiefen- bzw. Bodenwasserbildung bezeichnet. (Rahmstorf 2006, S. 2). Die so genannten Konvektionszonen, in denen solche Absinkvorgänge stattfinden, lassen sich sehr genau an einigen wenigen Punkten lokalisieren. So geschieht die Bildung des Nordatlantischen Tiefenwassers (NADW) in der Grönlandsee nordöstlich von Island sowie in der Labradorsee südwestlich von Grönland, wohingegen die Entstehung des Antarktischen Bodenwassers (AABW) in der Weddellsee und Ross-See den zweiten wichtigen Hauptkonvektionsbereich der Ozeane darstellt (vgl. Abbildung 2).
In den antarktischen Konvektionszonen sind die Absinkvorgänge der Wassermassen stärker ausgeprägt, sodass hier das Wasser bis auf den Meeresboden absinkt, während im Nordatlantik Tiefenwasser gebildet wird, welches auf durchschnittlich -3000m absinkt. (von Storch et al. 1999, S. 39 & Rahmstorf 2006, S. 3).

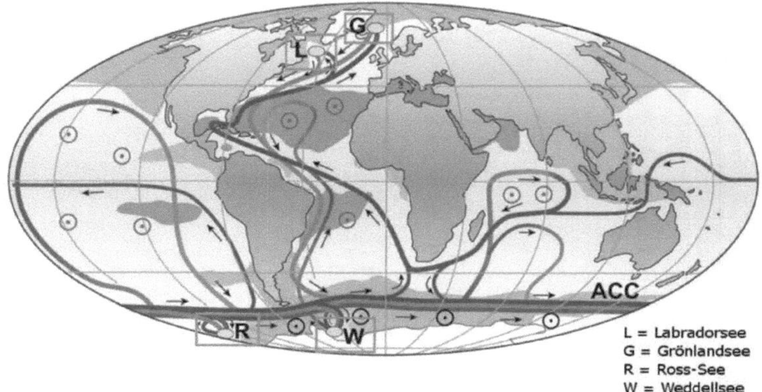

Abbildung 2: Hauptkonvektionszonen der Thermohalinen Zirkulation

Quelle: verändert nach Rahmstorf 2006, S. 1.

Was nachfolgend passiert, wird von Wissenschaftlern unter den Begriff *„filling box dynamics"* gefasst. (Rahmstorf 2006, S. 4). Ähnlich einem Gefäß, in das beständig Flüssigkeit nachgegossen wird, beginnen die Wassermassen, die sich bereits in den tieferen Schichten der Ozeane befinden, sich nach allen Richtungen hin auszubreiten, während von oben stetig Wasser nachströmt. Es wird also Wasser in der Tiefe verdrängt, welches nun abhängig von den topographischen Begebenheiten des Meeresbodens beginnt, von den Konvektionszonen weg zu strömen. Abbildung 3 zeigt als Beispiel die Ausbreitung von Bodenwasser. Hierfür relevante Konvektionszonen sind mit roten Kreuzen symbolisiert.

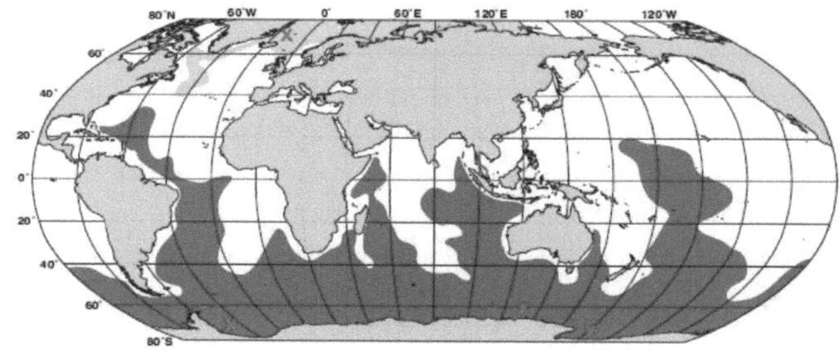

Abbildung 3: Schema der Bodenwasserbildung und -ausbreitung

Quelle: Rahmstorf 2006, S. 5.

Einerseits illustriert diese Darstellung erneut den sehr viel größeren Anteil von Bodenwasserbildung in der Antarktis, während dieselbe im Nordatlantik zu Gunsten des Tiefenwassers relativ gering ausfällt. Auf der anderen Seite ist hier deutlich erkennbar, dass sich das Antarktische Bodenwasser nicht nach allen Richtungen hin gleichmäßig ausbreitet. Vielmehr scheint sich dieses in bestimmten Bereichen beinahe zungenförmig nordwärts zu bewegen. Dass diese Ausformung nicht zufällig zustande kommt, wird klar, wenn man die Topographie des Meeresbodens betrachtet. Tiefenströmungen entstehen entlang großräumiger, becken- und rinnenförmiger Bereiche des Untergrundes. Abbildung 4 veranschaulicht, wie etwa NADW und AABW im Atlantik entlang einer Rinne strömen, die im Westen durch die Kontinentalhänge Nord- und Südamerikas und im Osten durch den Nord- und Südatlantischen Rücken begrenzt wird.

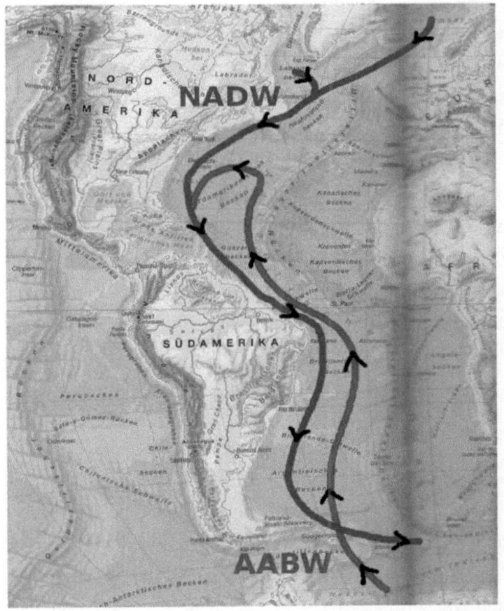

Abbildung 4: Schematische Darstellung von NADW und AABW

Quelle: verändert nach Westermann Kartographie 2008, S. 222f.

Äquivalent dazu verhalten sich auch die Tiefen- und Bodenwasserströmungen in anderen Teilen der Ozeane. So können diese etwa auch im Südpazifischen Becken zwischen Australien und dem Ostpazifischen Rücken oder östlich und westlich des Zentralindischen Rückens vorgefunden werden. (Westermann Kartographie 2008, S. 222f).

Die thermohalin angetriebenen Strömungen der Tiefsee stellen eine gewaltige ozeanische Umwälzbewegung mit einer Stärke von 30 Sverdrup dar – dies entspricht 30 Millionen Kubikmeter pro Sekunde. (Rahmstorf, Richardson 2010, S. 35). Im Falle der Tiefen- und Bodenströmungen verteilt sich das pro Zeiteinheit vorüberströmende Wasser jedoch über eine sehr große Querschnittsfläche, sodass Wasser, das in den Konvektionszonen absinkt, sehr langsam strömt und somit durchschnittlich etwas mehr als 1000 Jahre in der Tiefsee verbleibt. (Rahmstorf, Richardson 2010, S. 24).

Nach dem Modell der *filling box dynamics* müsste jedoch irgendwann der Fall eintreten, dass die Wassermassen höchster Dichte sich auf dem gesamten Ozeanboden ausgebreitet haben. Das nachströmende Wasser aus den Konvektionsprozessen würde nur noch die darüber liegenden Wasserschichten ausfüllen, bis auch sie die maximale Dichte erreicht haben. Dieser Effekt würde sich so lange wiederholen, bis eine äußerst stabile Schichtung erreicht ist, die gleichbedeutend wäre mit einem Stillstand der Thermohalinen Zirkulation. (Rahmstorf 2006, S. 4). Um diese am Laufen zu halten, muss also dichtes Wasser aus der Tiefsee in irgendeiner Weise an Dichte verlieren, sodass es nach oben ausströmen und Platz für nachströmende Wassermassen schaffen kann. Eine andere Möglichkeit besteht in Divergenzen in höher gelegenen Wasserschichten. Durch den hohen Druck innerhalb bodennaher Wassermassen würde ein ausreichend großer Druckgradient entstehen, um Tiefenwasser nach oben strömen zu lassen. (Rahmstorf 2006, S. 6). Tatsächlich finden beide genannten Prozesse in dieser Form statt und sorgen somit für Auftriebsbewegungen von Boden- und Tiefenwasser. Diese Prozesse werden auch als *upwelling* – zu Deutsch *Aufquellen* – bezeichnet. Wie genau die beiden unterschiedlichen Formen des *upwelling* funktionieren, soll im folgenden Teil geklärt werden.

3.2 Upwelling-Prozesse

Als ein möglicher Auslöser für das Aufquellen von tiefer gelegenen Wassermassen hoher Dichte wurde eine Dichtereduktion in der Tiefe genannt. Wie bereits bekannt ist, ist die Dichte von Ozeanwasser im Wesentlichen von Temperatur und Salzgehalt abhängig. Wenn nun also in kalte, salzhaltige Wassermassen, die auf Grund ihrer hohen Dichte die untersten Schichten nahe dem Meeresboden bilden, wärmeres oder weniger salziges Wasser eingebracht wird, findet eine Durchmischung statt. Diese Durchmischungsprozesse haben ihrerseits wiederum zur Folge, dass die Dichte der durch sie beeinflussten Wassermassen abnimmt. Das Ergebnis ist eine Aufquellbewegung und unter Umständen erneute Durchmischung, die zu weiterem Aufsteigen führt. (Rahmstorf 2006, S. 5). Solche Einflüsse und das daraus resultierende Aufquellen von Tiefenwasser werden entsprechend der Funktionsweise unter dem Begriff „*mixing-driven upwelling*" zusammengefasst. (Rahmstorf 2006, S. 6). Bis heute ist nicht gänzlich erforscht, welches genaue Zusammenspiel von Faktoren die zugrunde liegenden Durchmischungsprozesse auslöst. Es gilt jedoch als sehr wahrscheinlich, dass ein beträchtlicher Anteil von den Gezeiten ausgeht. (Rahmstorf 2006, S. 5).

Der so genannte Tidenhub, der in Küstengebieten auch Ebbe und Flut auslöst, wird durch die Anziehungskraft des Mondes verursacht. Sie bewirkt, dass in jenen Bereichen, denen der Mond am nächsten ist, Wasser angezogen wird und somit der Meeresspiegel steigt. Auch auf der gegenüberliegenden Seite des Erdballs steigt der Meeresspiegel, da hier die Anziehungskraft des Mondes am geringsten ist und die Wassermassen vom Mond weg streben. Unter den so entstehenden Flutbergen hindurch dreht sich die Erde weiter. (Rahmstorf, Richardson 2010, S. 30). Zu den Rotationsbewegungen durch die Erddrehung kommt nun also eine vertikale Bewegungskomponente des Wassers durch die Gezeiten hinzu. Zusätzlich wirken der Auslenkung von Wassermassen durch die Mondanziehung neben der Gravitation der Erde so genannte Rückstellkräfte entgegen. Sie bewirken in Form von Druck- und Dichtegradienten *„interne Wellen"* (Rahmstorf, Richardson 2010, S. 40) der Ozeane, wenn Wasser in den vorherigen Zustand stabiler Schichtung zurückstrebt. (Rahmstorf, Richardson 2010, S. 39). Diese Komplexion von Faktoren hat zur Folge, dass innerhalb des Wasserkörpers großräumige Durchmischungsvorgänge von unterschiedlich dichten Wasserschichten stattfinden können.

Ein weiterer potenzieller Auslöser des *mixing-driven upwelling* ist der Windeinfluss. Zwar hat die Windreibung nur Auswirkungen auf die oberflächennahen Wasserschichten (vgl. *Ekman-Spirale*). Allerdings können durch Windreibung auch Turbulenzen und Wirbel ausgelöst werden, die sich bis in tiefere Wasserschichten fortsetzen. Durch diese Turbulenzen werden Warmwassereinträge in kältere Tiefenwasser verursacht, wodurch schließlich wiederum eine Verringerung der Dichte und daraus resultierendes Aufquellen verursacht wird. (Rahmstorf 2006, S. 5).

Betrachtet man die Lokalisierung der Prozesse des *mixing-driven upwelling*, dann lässt sich festhalten, dass diese über alle Ozeane verteilt stattfinden. Auffällig ist lediglich, dass sich diese Bereiche ausschließlich in tropischen und subtropischen Breiten befinden, was auf eine zusätzliche Einwirkung der Sonnenstrahlung schließen lässt (vgl. Abbildung 5). Das zu Grunde liegende Prinzip wäre dann ein Wärmetransport in tiefere Wasserschichten durch einfallende Sonnenstrahlung. Allerdings ist diese Vermutung bisher nicht hinreichend belegt und daher fragwürdig.

Eine wesentlich bedeutendere Rolle als bei der Durchmischung spielt der Wind bei der zweiten Art des Aufquellens, dem so genannten *wind-driven upwelling* oder *Drake-Passage-Effect*. (Rahmstorf 2006, S. 5). Letztere Bezeichnung geht auf die Verortung dieser Prozesse zurück. Zwischen dem 56. und 63. Grad südlicher Breite befindet sich die nach dem britischen Seefahrer Sir Francis Drake benannte Drake Passage. Sie bildet den schmalen Durchlass zwischen der südlichsten Spitze Südamerikas und dem antarktischen Kontinent.

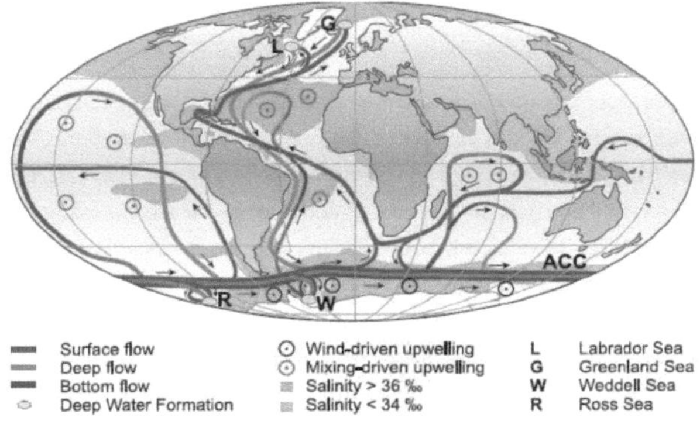

Abbildung 5: Die Komponenten der globalen Thermohalinen Zirkulation

Quelle: Rahmstorf 2006, S. 1.

In diesen Breitenbereichen finden sich rund um den Globus keinerlei topographische Hindernisse. (Rahmstorf, Richardson 2010, S. 37). Dies bedingt zum einen, dass hier die zirkumpolaren Strömungen der Antarktis stattfinden können (vgl. Abbildung 5). Zum anderen können hier Winde an der Wasseroberfläche ihre volle Reibungswirkung entfalten. Wie bereits erwähnt wurde, führt Windreibung zu Verwirbelungen der oberflächennahen Wasserschichten. In den Breitenbereichen der Drake Passage ist dieser Effekt so stark, dass durch die Turbulenzen eine ausgeprägte Divergenz an der Oberfläche entsteht. (Rahmstorf 2006, S. 5). Gleichzeitig befinden sich nahe der Antarktis mit der Weddellsee und der Ross-See zwei Hauptkonvektionszonen, in denen große Wassermassen absinken. Diese beständige Konvektion führt zu einer sehr ausgeprägten Konvergenz im Bereich der antarktischen Boden- und Tiefenwasser, die durch das Einströmen nördlicher Tiefenwasser noch zusätzlich verstärkt wird. (Rahmstorf 2006, S. 5). Der so entstehende starke Druckgradient zwischen windverursachten Divergenzen an der Oberfläche und konvektionsbedingten Tiefenkonvergenzen führt dazu, dass Tiefenwasser regelrecht nach oben gedrückt wird.

Besonders zu berücksichtigen ist beim *wind-driven upwelling*, dass die Konversion von dichten zu weniger dichten Wassermassen erst nach dem Aufquellen an die Oberfläche stattfindet – ganz im Gegensatz zu den Durchmischungsprozessen des *mixing-driven upwelling*, bei denen die Konversion in der Tiefe das Aufquellen erst möglich macht. Eine schematische Darstellung zur Differenzierung der unterschiedlichen Funktionsweisen gibt Abbildung 6.

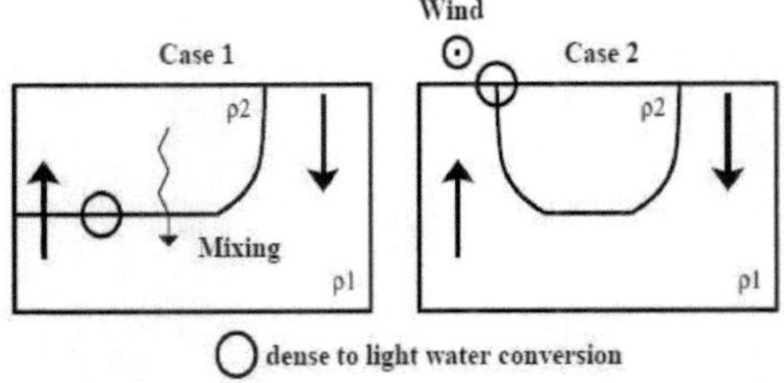

Abbildung 6: Mixing-driven (Case 1) und wind-driven upwelling (Case 2)

Quelle: Rahmstorf 2006, S. 6.

Mit der Konvektion, den Tiefenströmungen und den *upwelling*-Prozessen sind nun eigentlich bereits sämtliche thermohaline Komponenten der ozeanischen Zirkulation beschrieben. Um aber überhaupt erst das zyklische Funktionieren der Thermohalinen Zirkulation zu erklären, sind zur Vervollständigung ebenfalls oberflächennahe Strömungskomponenten zu berücksichtigen. Sie sind zum größten Teil windgetrieben und dürfen somit nicht zur Thermohalinen Zirkulation gezählt werden. (Rahmstorf, Richardson 2010, S. 36). Allerdings sind sie für deren Bestehen unerlässlich und sollen daher im Folgenden beschrieben werden.

3.3 Oberflächenströmungen

Für die Betrachtung des Zusammenwirkens von Tiefen- und Oberflächenströmungen bietet es sich an, das ozeanische Teilsystem der *meridional overturning circulation* (MOC) heranzuziehen. Diese Zirkulation ist für die Umwälzung der Wassermassen des Atlantiks in meridionaler Richtung verantwortlich. (Rahmstorf 2006, S. 2). Als Tiefenkomponenten lassen sich die bereits vorher erwähnten Nordatlantischen Tiefenwasser und Antarktischen Bodenwasser identifizieren. Das durch Konvektion in Labrador- und Grönlandsee gebildete Tiefenwasser wird im Bereich des nördlichen Wendekreises durch das AABW verstärkt, welches von den antarktischen Konvektionszonen nordwärts strömt und dann schließlich in den südwärts gerichteten NADW-Strom einfließt (vgl. Abbildung 5). Hier finden neben dem Übergang in die zirkumpolaren Strömungen auch die durch den *Drake-Passage-Effect* bedingten Aufquellprozesse statt. An dieser Stelle ist zu berücksichtigen, dass vermutlich nur ein geringer Teil des NADW direkt in das *upwelling* übergeht, während sich der größere Teil den zirkumpolaren Strömungen anschließt und schließlich an anderer Stelle wieder in die MOC zurückgeführt wird (vgl. Abbildung 5). Die durch *upwelling* oder Zuströmen hier an die Oberfläche geführten Wassermassen werden schließlich von den Windsystemen der Erde abtransportiert. Abbildung 7 zeigt eine Gegenüberstellung der Strömungskomponenten der MOC mit der allgemeinen Zirkulation der Erdatmosphäre.

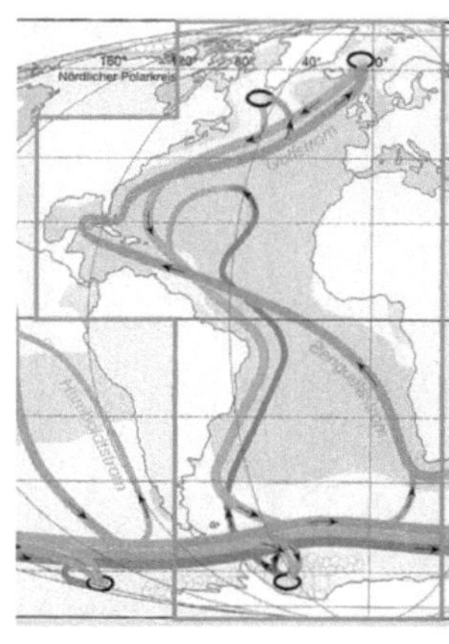

Abbildung 7: Einfluss der Windsysteme der Erde auf die MOC – Schema

Quelle: verändert nach Westermann Kartographie 2008, S. 231f.

Hier ist erkennbar, wie Oberflächenwasser aus der Antarktis durch die Westwindzone der Südhemisphäre zur Südspitze Afrikas transportiert wird. Durch den Zustrom von Oberflächenwasser aus dem Indischen Ozean entsteht der nordwärts gerichtete Benguelastrom, der schließlich in den Einflussbereich des Südostpassats gelangt. Letzterer schiebt die Wassermassen immer weiter nordwestlich, über die ITC hinaus in den Bereich des Nordostpassats hinein, welcher seinerseits den weiteren westlich gerichteten Transport bis in den Golf von Mexiko verursacht. Aus dem Golf von Mexiko nach Norden hin ausströmend entsteht eine Komponente, die ab hier den Namen Golfstrom trägt und mit einer Strömungsstärke von 70 Sverdrup das Klima in nordatlantischen Breiten maßgeblich beeinflusst. (Rahmstorf, Richardson 2010, S. 36). Im Wesentlichen durch die Westwindzone der Nordhalbkugel bedingt, werden in Form des Golfstroms warme, subtropische Wassermassen nach Nordeuropa und schließlich zu den Konvektionszonen nahe Grönland transportiert, wo sie durch Abkühlung und Versalzung erneut in die Thermohaline Zirkulation übergehen.

Das Beispiel des Golfstroms verdeutlicht in einmaliger Art und Weise, wie schwierig Thermohaline Zirkulation von windgetriebenen Strömungen zu trennen ist, denn nur etwa 75 bis 80 Prozent des Golfstroms sind auf die Windreibung zurückzuführen. (Rahmstorf 2006, S. 2 & Rahmstorf, Richardson 2010, S. 36). Der verbleibende Teil der benötigten Antriebsenergie wird durch eine Kompensationsströmung aufgebracht, die durch ein oberflächennahes Wassermassendefizit in den nordatlantischen Konvektionszonen thermohalin verursacht wird. (Rahmstorf 2006, S. 2). Der enge Zusammenhang und die stetigen Wechselwirkungen zwischen Ozeanen und Atmosphäre spielen eine besonders große Rolle hinsichtlich der spezifischen regionalen und globalen

Ausprägungen des Klimas der Erde. Um diese Zusammenhänge zu veranschaulichen, soll im Anschluss eine Darstellung der wichtigsten Auswirkungen der Thermohalinen Zirkulation erfolgen.

4 Auswirkungen und Bedeutung für den Klimawandel

Wie am Beispiel des Golfstroms bereits dargestellt wurde, sind die Thermohaline Zirkulation und mit ihr verknüpfte Strömungskomponenten im Wesentlichen für einen enormen Wärmetransport verantwortlich. Dieser Transport von Wärme ist zu den Konvektionszonen hin gerichtet und so stark ausgeprägt, dass er in Bereichen des Nordatlantik und der Antarktis teils enorme Abweichungen von der für den jeweiligen Breitengrad typischen Durchschnittstemperatur verursacht (vgl. Abbildung 8). Er wird deshalb auch als *„anomale[r] Wärmetransport"* (Rahmstorf, Richardson 2010, S. 48) bezeichnet.

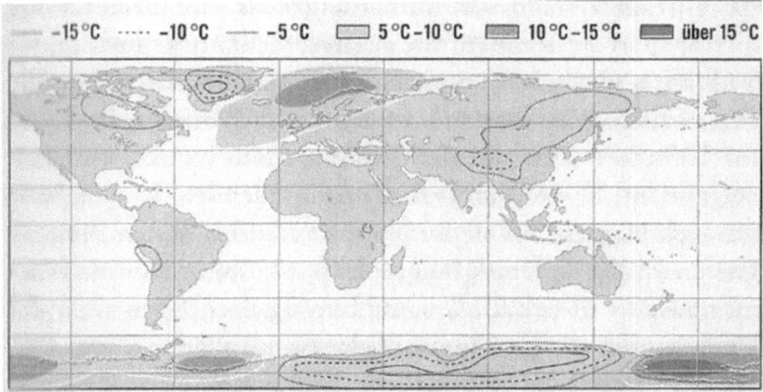

Abbildung 8: Die klimatischen Temperaturabweichungen vom Mittelwert eines jeden Breitengrades [°C]

Quelle: Rahmstorf, Richardson 2010, S. 47.

Für Nordeuropa besonders relevant sind dabei die Ausläufer des Golfstroms, denn er bewirkt dort eine Temperaturerhöhung um bis zu 10 °C (vgl. Abbildung 8). Zusätzlich hat die Warmwasserzufuhr im Nordatlantik auch eine nördliche Verlagerung der Treibeisgrenze zur Folge. Neben ganzjährig eisfreien Häfen von West-Norwegen bis Murmansk führt eine Verringerung der Eisoberfläche auch zu einer geringeren Albedo in entsprechenden Bereichen, denn während Meerwasser circa 90% der einfallenden Sonnenstrahlung absorbiert, werden durch Eisoberflächen über 90% der Strahlung reflektiert. (Podbregar et al. 2009, S. 164 & Rahmstorf, Richardson 2010, S. 53f). Folglich wird die Erwärmungswirkung durch den eisfreien Wasserkörper im Nordatlantik zusätzlich verstärkt.

In weiten Bereichen der Antarktis führen genau diese Eisbildung und die daraus resultierende hohe Albedo zu einer sehr starken Abkühlung und damit negativen Abweichung vom Temperaturdurchschnitt (vgl. Abbildung 8). Begünstigt wird die Eisbildung hier durch die Zirkumpolarströmungen. Sie bilden eine Art Gürtel, der warme Wassermassen vom antarktischen Kontinent abhält und somit die Packeisbildung erst ermöglicht. (Polar Guiding & Lecturing 2011).

Neben dem Transport von Wärme wird das Klima durch die Weltmeere auch in Form von Gasaustausch mit der Atmosphäre beeinflusst. (Rahmstorf, Richardson 2010, S. 54). Während die Atmosphäre gegenwärtig etwa 800 Milliarden Tonnen Kohlenstoffdioxid enthält, ist in den Ozeanen rund das Fünfzigfache davon gelöst. (Rahmstorf, Richardson 2010, S. 54). Da der Austausch von Gasen mit der Atmosphäre nur an der Meeresoberfläche stattfinden kann, stellen die Konvektionszonen der Thermohalinen Zirkulation riesige CO_2-Senken dar. Bedingt durch die durchschnittliche Verweildauer von Tiefen- und Bodenwassern in den Ozeanen über 1000 Jahre hinweg, wird also CO_2 für sehr lange Zeit durch die Thermohaline Zirkulation konserviert.

Eine weitere Auswirkung der Thermohalinen Zirkulation, die an dieser Stelle genannt werden soll, ist die Beeinflussung der Meeresspiegelhöhen. Im Bereich der nordatlantischen Konvektionszonen etwa ist der Meeresspiegel um rund einen Meter geringer als in vergleichbaren Regionen des Pazifiks. (Rahmstorf 2006, S. 7). Dieses Phänomen kommt durch die abwärts gerichteten Strömungen zustande, die eine Sogwirkung verursachen.

Die oben angeführten Beispiele zeigen, dass im Falle einer Abschwächung oder gar eines Ausbleibens der Thermohalinen Zirkulation das Klima vielerorts eine folgenreiche Veränderung erfahren würde. Starke Abkühlung, Änderung des Strahlungshaushalts, Freisetzung klimarelevanter Gase sowie veränderte Meereshöhen sind dabei nur die wichtigsten zu nennenden Aspekte. Durchaus besteht die Möglichkeit, dass der Klimawandel die Thermohaline Zirkulation maßgeblich beeinflusst. Geht man von einer globalen Erwärmung aus, dann ist eine logische Konsequenz auch die Erhöhung der Wassertemperaturen in polnahen Bereichen und somit eine Verringerung der Wasserdichte. Weiter ist dann auf Grund stärker ausgeprägter Verdunstung mit erhöhten Niederschlägen zu rechnen, die einen entsprechenden Süßwassereintrag und damit weitere Herabsetzung der Dichteverhältnisse im Oberflächenwasser zur Folge hätten. (Rahmstorf, Stocker 2004, S. 241f & Rahmstorf 2006, S. 6f). Tritt dieser Fall ein, dann ist eine Abschwächung der Konvektionsprozesse wahrscheinlich, die sich bis hin zu einem vollständigen Ausbleiben fortsetzen kann.

5 Schlussbemerkung

Durchaus wirkt eine Abwägung der möglichen Folgen für die Thermohaline Zirkulation durch den Klimawandel beeindruckend und erinnert bisweilen an Szenen aus dem Kino. Die Vergangenheit jedoch zeigt, dass solche Szenarien keineswegs den Phantasien Hollywoods entsprungen sind. So trat etwa während der vergangenen Kaltzeitperiode des Pleistozän in Form der *Heinrich-Events* sogar bereits mehrmals der Fall ein, dass die Tiefenwasserbildung im Nordatlantik komplett zum Erliegen kam. Stets wurden diese Ereignisse durch eine Versüßung des Ozeanwassers ausgelöst, so auch beim jüngsten dokumentierten Ereignis vor 8200 Jahren, als die Wassermassen eines nordamerikanischen Schmelzwassersees für das Ausbleiben der Thermohalinen Zirkulation verantwortlich zeichneten. (Rahmstorf, Richardson 2010, S. 49). Man sieht, dass das Klima der Welt lange nicht so stabil ist, wie es oft scheinen mag. Oftmals reicht eine kleine Beeinflussung oder Veränderung aus, um weit reichende Konsequenzen zu verursachen. Während der letzten Jahre ist die anthropogene Einflussnahme auf klimatische Zusammenhänge zusehends gestiegen, sodass sich einige Faktoren gegenwärtig in eine bedrohliche Richtung entwickeln. Um gravierende Auswirkungen für den Menschen abzuwenden, ist es für diesen wichtig, aus der Vergangenheit zu lernen und mit einem gestärkten Bewusstsein für Umwelt und Klima nachhaltig zu handeln. Ein erster wichtiger Schritt wurde mit dem *Paket von Durban* bereits gemacht. Nun gilt es, diesen Ansatz weiter zu verfolgen und durch aktives Handeln ein klimatisches Gleichgewicht zu erhalten.

Literaturverzeichnis

BMU [Hrsg.] (2011): „Paket von Durban".
http://www.bmu.de/klimaschutz/internationale_klimapolitik/17_klimakonferenz/doc/
48152.php (12.12.2011).

Dudenredaktion [Hrsg.] (2001): Herkunftswörterbuch. Etymologie der deutschen Sprache.
3., völlig neu bearb. Aufl., Mannheim.

Hupfer P., Kuttler W. [Hrsg.] (2005): Witterung und Klima. Eine Einführung in die
Meteorologie und Klimatologie. 11.,überarbeitete und erweiterte Auflage,
Wiesbaden.

Podbregar N., Schwanke K., Frater H. (2009): Wetter Klima Klimawandel. Wissen für eine
Welt im Umbruch. Berlin.

Polar Guiding & Lecturing [Hrsg.] (2011): Der Zirkumpolarstrom.
http://polarwelten.com/antarktis/allgemeines-ueber-die-antarktis/der-
zirkumpolarstrom/index.html (15.12.2011).

Rahmstorf S. (2006): Thermohaline Ocean Circulation. In: Elias S. A. [Hrsg.]:
Encyclopedia of Quaternary Sciences. Amsterdam.
http://www.pikpotsdam.de/~stefan/Publications/Book_chapters/rahmstorf_eqs_200
6.pdf (02.12.2011).

Rahmstorf S., Richardson K. (2010): Wie bedroht sind die Ozeane? Biologische und
physikalische Aspekte. Frankfurt am Main.

Rahmstorf S., Stocker T. F. (2004): Thermohaline Circulation: Past Changes and Future
Surprises? In: Steffen W. [Hrsg.]: A Planet Under Pressure – Global Change and
the Earth System. Berlin, S. 240-241.
http://www.pik-potsdam.de/~stefan/Publications/Book_chapters/rahmstorf&stock
er_2004.pdf (02.12.2011).

Storch H. von, Güss S., Heimann M. (1999): Das Klimasystem und seine Modellierung.
Eine Einführung. Berlin.

Westermann Kartographie [Hrsg.] (2008): Diercke Weltatlas. Braunschweig.